SUPER KNOWLEDGE

超级涨知识

香港城市大学 研究员
李骁 主审

韩明 编著
马占奎 绘

绕不开的计量单位

质量与重量（大象有多重？）

5

电子工业出版社

Publishing House of Electronics Industry

北京·BEIJING

目录

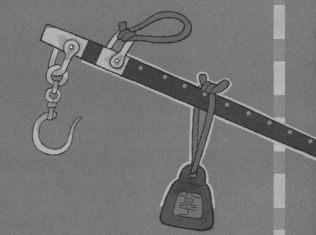

重量是如何产生的？

我们生活的地球就像是一块巨大无比的磁铁，它能紧紧地吸住上面的一切，因此我们能牢牢地站在地面上，而不是像气球一样飘在空中。地球的吸引使物体受到的力就叫**重力**，因为受到重力，使得物体具有**重量**。

第一个发现地球引力的人是英国著名物理学家牛顿。传说中有一天，他坐在苹果树下休息，忽然，一个苹果掉下来，正好砸在了他的头上，于是他开始思考："为什么这个苹果会往下掉，而不是往天上飞呢？到底是什么神秘的力量牵引着这个苹果呢？"

经过研究，他最终发现了伟大的"万有引力定律"，这个定律告诉我们：**任何物体之间都有相互吸引力，地面上的万物都会受到地球的引力作用。**

地球上的物体之所以被地球所吸引，是因为地球比其他物体大得多。所以，苹果不能往天上飞，人也不能往天上飞，这都是万有引力作用的结果。

正是由于地球的引力，每个物体都能被称出重量，就连空气也不例外！

质量是物质的多少，在地球上我们也可以通过称重来测量，质量越大，我们越难改变它的状态，我们可以举起小石头，却难搬动大石头。质量的国际单位是"千克"。

怎么可能……

西瓜也太重了，要是西瓜不受地球引力就好了！

质量单位千克的由来

　　各个国家采用过不少名称各异的质量单位，如英国和美国曾采用过的磅、英制的盎司、俄制普特，我国曾采用的市斤、两、钱等。

　　1791 年，法国为了改变质量单位混乱的局面，在规定长度单位米的同时，规定 1 立方分米的纯水在 4℃时，质量是 1 千克。1799 年，用铂制作了标准千克原器，保存在法国档案局。因此，这个标准千克原器也叫"档案千克"。

档案千克

1872 年，科学家们通过国际会议，决定以法国的"档案千克"为标准，用铂铱合金制作标准千克的复制品。1883 年，在制作的复制品中，选了一个质量与"档案千克"最接近的作为"国际千克原器"，保存在巴黎的国际计量局里。

1889 年，第一届国际计量大会批准以这个"国际千克原器"作为质量的标准，沿用了很久，直到 2018 年，质量的基准改为普朗克常数，用一个量子常数来定义。

国际认证千克标准

1 千克

1 立方分米的纯水是多少呀？听起来很复杂的样子。

1 立方分米的纯水相当于 2 瓶 500 毫升的矿泉水那么多。

克和千克是多少呢

　　"克"和"千克"都是国际上通用的质量单位。凡是正规场所和正式文件，都要规范地使用"克"和"千克"为质量单位。

　　克是较小的质量单位，千克是较大的质量单位。人们在计量物品的重量时，通常把较小物品的质量用"克"作为单位，把较大物品的质量用"千克"作为单位。

　　那1克和1千克各有多少呢?

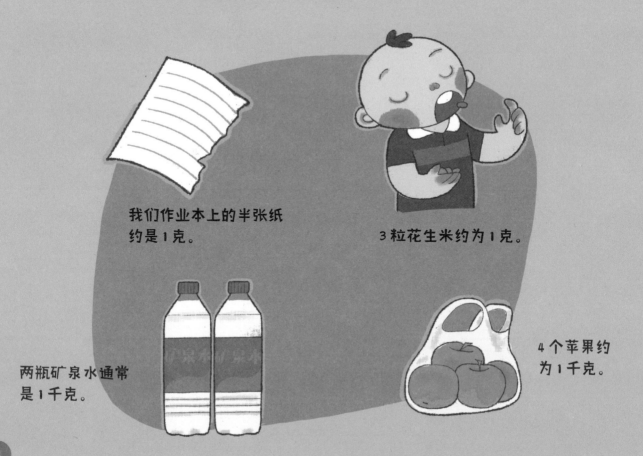

我们作业本上的半张纸约是1克。

3粒花生米约为1克。

两瓶矿泉水通常是1千克。

4个苹果约为1千克。

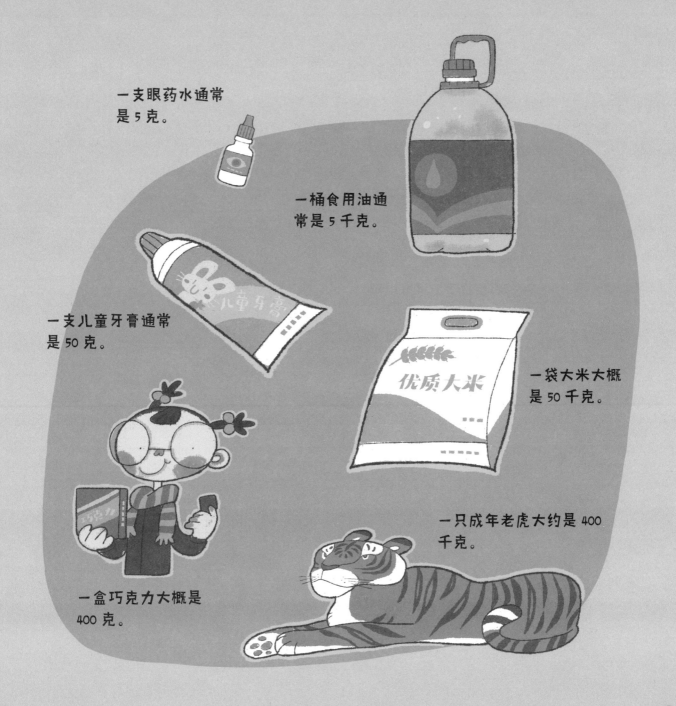

一支眼药水通常是5克。

一桶食用油通常是5千克。

一支儿童牙膏通常是50克。

一袋大米大概是50千克。

一盒巧克力大概是400克。

一只成年老虎大约是400千克。

克与千克的换算

1 千克 =1000 克，或者说 1000 克 =1 千克。

根据这个进率可以进行一些基本换算。

- 3000 克 =3 千克
- 10000 克 =10 千克
- 5 千克 =5000 千克
- 15 千克 =15000 克

嗨！你会做这些题吗？

答案：

一包味精约重 25（千克）
一只鸡约重 50（克）

爸爸约重 70（千克）
一头牛约重 500（千克）

一个苹果约重 200（克）
一瓶牛奶约重 400（克）

克（g）还是千克（kg）呢？

一袋面粉约是 25（ ）

爸爸约重 70（ ）

一个鸡蛋约是 50（ ）

一头奶牛约是 500（ ）

一个布娃娃约是 200（ ）

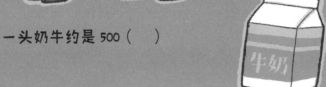

一盒牛奶约是 400（ ）

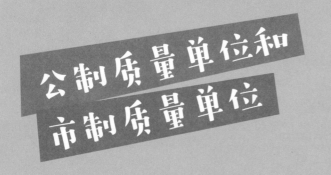

公制质量单位和市制质量单位

质量单位分为公制质量单位和是市制质量单位，"克"和"千克"都是公制质量单位，是要求规范使用的。"斤"和"两"市制质量单位，是人们日常生活中习惯使用的。

过去使用的"公斤"就是现在的"千克"，它们的换算是：

1公斤=1千克；1公斤=2斤；1000克=2斤。

1斤=500克；半斤=250克；1斤=10两；1两=50克。

知道了它们之间的换算关系，我们就知道：2斤肉，就是1000克肉；4斤苹果，就是2000克苹果，也就是2公斤苹果；20公斤大米，就是20千克大米，也就是40斤大米；2两调料，就是100克调料。

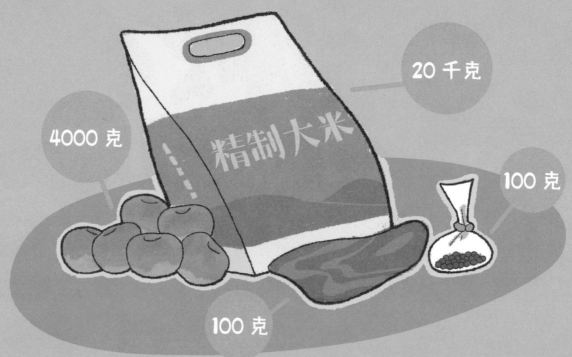

20 千克

4000 克

100 克

100 克

精制大米

吨到底是多少

在实际生活中，计量质量很大的物品通常以"吨"为单位。"吨"广泛用于工业和农业生产，那 1 吨到底是多少呢？ 1 吨 =1000 千克。吨和千克之间的进率是 1000。

举个几个简单的例子吧！

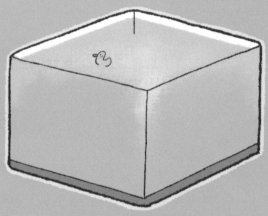

如果把1立方米的箱子里灌满水，那么1立方米水的质量就是1吨。

1头奶牛是 500 千克，那么 2 头奶牛是 1000 千克，也就是 1 吨。

1 包水泥是 50 千克，那么 20 包水泥就是 1000 千克，也就是 1 吨。

1 头猪的质量是 100 千克，10 头猪就是 1000 千克，也就是 1 吨。

1 桶油是 200 千克，5 桶油就是 1000 千克，也就是 1 吨。
1 头大象是 6000 千克，也就是 6 吨。

如果你的身体质量是 50 斤，也就是 25 千克。1 吨是 1000 千克，那么 1 吨就是 40 个"你"加起来的质量！

40 个我加起来，也太夸张了！

中国古代常用计量单位

在我国古代，除了用钧、斤、两、铢、圭代表质量外，较大、较多量的物体更多采用容积来代表。

1 钧 =30 斤

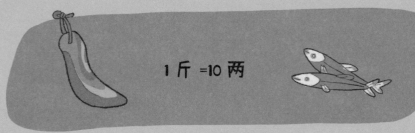

1 斤 =10 两

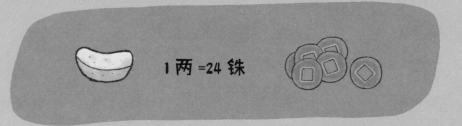

1 两 =24 铢

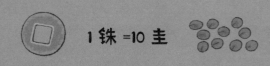

1 铢 =10 圭

春秋战国时期的文字与计量单位都还没有统一，所以各国的质量单位也有所不同。

秦、晋两国所用的质量计量单位大致相同，都是斛、斗、升。其中斛最大，升最小，采取十进制。

齐国使用的质量计量单位，从大到小依次为钟、釜、区、豆、升，所采取的并不是十进制，其中 1 钟 = 10 釜、1 釜 = 4 区、1 区 = 4 豆、1 豆 = 4 升。

楚国采用的是筲、升，两者采用五进制。

到了秦朝，
秦始皇统一度量衡

　　计量单位统一使用原来秦国所用的单位。换算成现在常用的体积单位，1 斛 =20000 毫升、1 斗 =2000 毫升、1 升 =200 毫升。

　　汉朝的计量单位沿用秦朝，不过增加了合、龠、撮、圭，其中 1 升 =10 合、1 合 =2 龠、1 龠 =5 撮、1 撮 =4 圭。

　　三国到隋唐时期，计量单位为斛、斗、升、合，但它们分别具体是多少，各时期有所不同。

　　从宋朝开始，我国古代的计量单位固定为石、斛、斗、升、合，它们之间的换算关系是 1 石 =2 斛、1 斛 =5 斗、1 斗 =10 升、1 升 =10 合，但它们分别具体是多少，各时期有所不同。

釜　　　　　　　区　　　　　　　豆

斛

斗

升

合

龠

撮

圭

半斤对八两

　　春秋战国时期，各国的货币和度量衡单位都不统一，各国商贾和百姓之间交易非常不方便。根据传说，统一六国后，秦始皇下令统一度量衡，并由李斯负责起草文件。当时，度量衡的标准基本已经确定，唯独这个"衡"还拿不定主意，于是他就去请教秦始皇。秦始皇并没有直接回答李斯的问题，只是提笔写下了"天下公平"四个大字。

李斯

李斯拿着这四个大字百思不得其解，为了防止皇帝怪罪，于是干脆把这四个字笔画加一起，一共16画，就成了"衡"的单位，一斤等于十六两，那么半斤就是八两，正好相等。

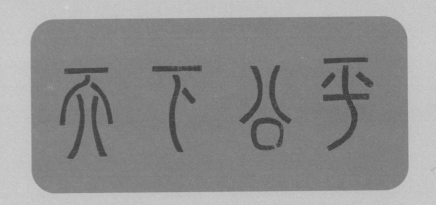

这样的计量单位在我国长达2000多年的封建社会一直沿用，直到新中国成立后，由于十六进制在计算时有些不方便，才改为一斤等于十两。

特殊的质量单位——克拉

在质量单位里，有一个最奢华、最闪亮的就是克拉，它是专门用来衡量珠宝等名贵饰品的。那这个克拉是怎么来的呢？

克拉原本是一种生长在地中海地区的长角豆树，它的果子和豆荚很像。每个豆荚约12～36厘米，里面有5～15粒长角豆。特别神奇的是，每一粒长角豆的质量近乎一致。后来，这种树被移植到印度，当地人把它当食物。

当时印度的钻石交易非常频繁，可是因为钻石太小了，珠宝商为怎样给钻石计量质量而发愁。他们意外地发现钻石和长角豆的质量相近，于是就把长角豆当作称钻石的砝码。这种方式后来传到了欧洲。在希腊文里，豆粒又叫克拉，所以 1 粒长角豆就是 1 克拉。现在，克拉已经成为宝石专属的质量单位。

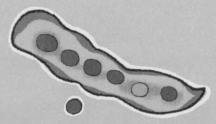

随着测量工具的演变和精准，经过测量，1 克拉是 200 毫克，也就是 0.2 克，与 1 粒红豆的质量差不多。

1 克拉 =200 毫克 =0.2 克

世界上最早的测量工具——秤

古时候，人们在进行交易时，只能用手拿起物品掂量，从而比较质量，但是用这种办法称东西无法说出东西质量是多少，遇到质量相差不多的东西时，也容易出错，所以在交易时经常闹出纠纷。

根据传说，春秋时期，有一个叫范蠡的人，一天他偶然看见一个农夫在打水，这个农夫在井边立了一根木桩，木桩的顶端钉了一根横木。横木一端是水桶，另一端是石块。打水的时候，农夫把桶扔进井里，然后一下一下地拉着系着石块的绳子，一桶水很快就轻轻松松打上来了。

　　范蠡深受启发，觉得可以利用这个原理来称东西，于是回家做起了实验：他用一根细直的木棍，一端钻上小孔，小孔系上麻绳。在小孔的左边拴上吊盘，用来装盛货物；右边用一块鹅卵石为砣。使用的时候，只需提起麻绳，在吊盘里放上货物，然后不断调整鹅卵石在木棍上的位置，就能让木棍平衡。鹅卵石移得离绳越远，吊起的货物质量就越大；相反，离得越近，吊起的货物质量就越小。

　　此时的范蠡并不了解其中的原理，但是经过反复实验，他坚定地认为只要在木棍上做好标记，就能称出货物的质量了。但用什么东西做标记呢？他苦苦思索了几个月，仍然没有答案……

一天夜里，范蠡看见了天上的星宿

突发奇想，范蠡决定使用南斗六星和北斗七星做标记，一颗星质量为一两，十三颗星是一斤。从此，市场上便有了统一计量的工具——秤。

但时间一长，范蠡发现有些心术不正的商人，卖东西时总是缺斤少两。如何杜绝奸商的这种恶行呢？范蠡终于想出了改"白木刻黑星"为"红木嵌金星"，在南斗六星和北斗七星之外，再加上3个标记，分别代表福、禄、寿，16两为1斤。范蠡以此告诫商人——

天上有7颗北斗星、6颗南斗星，加起来就是13颗，每一颗是1两，13颗星就是1斤。

作为商人，必须光明正大，不能赚黑心钱。如果经商者少人一两，则失去福气（幸福）；少人二两，则后人永不得"俸禄"（做不了官）；少人三两，则折损"阳寿"（短命）。

从此，杆秤上便有了 16 个标记，每一个标记为 1 两，16 两合计为 1 斤。杆秤这种计量工具便一代一代地流传了下来，并一直沿袭了两千多年。如今，随着科技的发展，电子秤普及，杆秤渐渐退出了历史舞台。

大揭秘：

杆秤符合杠杆原理，其重心在支点外端。称质量时，根据被称物品的质量大小，使砣与砣绳在秤杆上移动以保持平衡。根据平衡时砣绳所对应的秤杆上的星点，即可称出物品的质量。

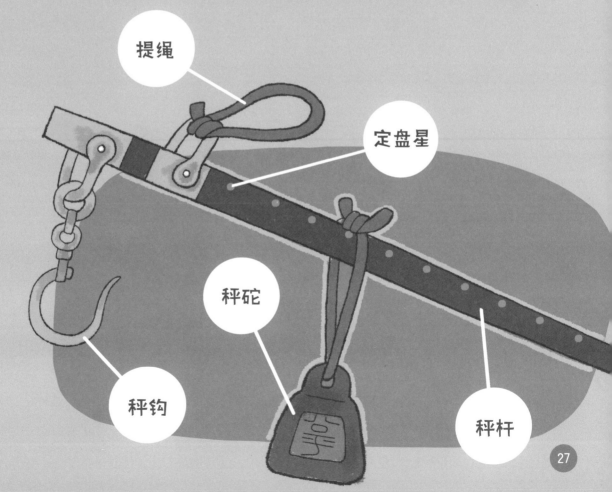

提绳

定盘星

秤砣

秤钩

秤杆

生活中测量质量的工具

在我们的生活中，有许多测量质量的工具，如杆秤、台秤、机械台秤、案秤、弹簧秤、托盘天平等。

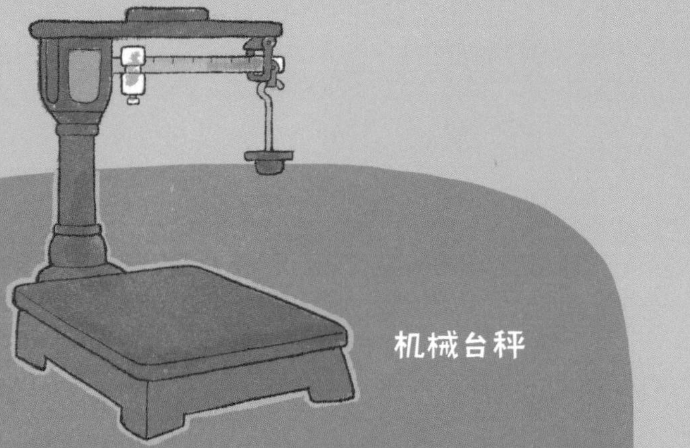

机械台秤

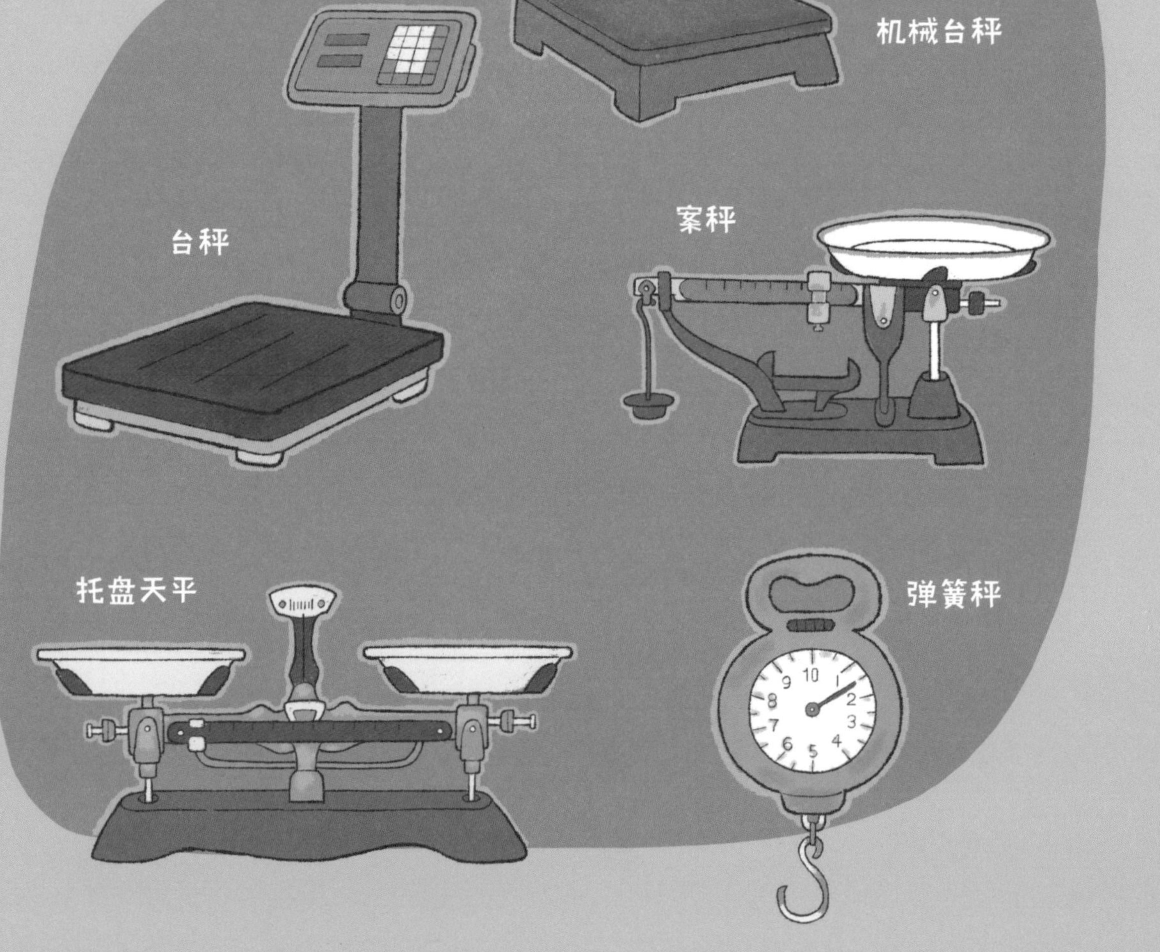

台秤

案秤

托盘天平

弹簧秤

杆秤——由带有星点的木杆或金属杆充当的秤杆、秤砣(砝码)、砣绳和秤盘(或秤钩)组成。杆秤是世界上最早的秤。虽然它携带方便，造价低，但是不够准确，现在使用杆秤的人已经很少了。

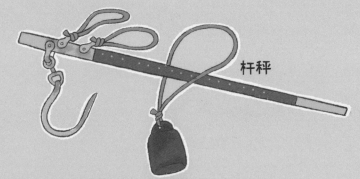

杆秤

机械台秤——称量在 50 ～ 1000 千克的杠杆式机械秤。常见于粮仓称量。

电子台秤——常见于超市和菜市场，它由台面、秤体、称量传感器、称量显示器和稳压电源等部分组成。只要把称量的物品放到台面上，称量显示器就会马上显示出它的质量，准确性很高。

托盘天平——是一种比较特殊的称量工具，由托盘、横梁、平衡螺母、刻度尺、指针、刀口、底座、分度标尺、游码和砝码组成，托盘天平在实验室中比较常见。

质量与大小有关系吗

马小虎，我要考考你，你听好了：1千克的羽毛和1千克的石头谁质量更大呢？

那还用说，当然是1千克的石头大呀，羽毛多轻吗！

羽毛

石头

我再考考你，请看这张图片，1千克棉花和1千克铁哪个质量更大呢？

这还需要回答吗？你看1千克的铁才这么点大，1千克棉花那么大，当然是棉花质量更大了。

铁块　　棉花

答案：大错特错！

对于两种不同的物品，如果它们的称量数值和单位是相同的，那么它们的质量就是相同的。所以，不要听到羽毛和石头，就想当然地认为石头质量更大。

那 1 千克棉花和 1 千克铁呢？如果仅从图片上看，虽然一大捆棉花比一小块铁看起来大很多，但是东西的大小，并不能代表它的质量。打个比方说，一个大大的装生日蛋糕的盒子质量很小，而一个装满硬币、只有拳头大小的小猪储蓄罐却质量很大；一个大大的气球质量很小，而一个体积很小的铅球却质量很大。所以，物体的质量与它的体积大小无关。

你都说了，都是 1 斤！当然还是一样的质量喽！

如果 1 斤薯片和 1 斤空气哪个质量大呢？

曹冲称象的故事

东汉末年，曹操当上了丞相，有人送给他一头大象，曹操很是高兴，就带着儿子曹冲和官员们一起去看大象。

大象的四条腿像四个大柱子，身体就像一堵墙。官员们一边啧啧称赞一边议论："大象这么大，得有多重啊？"曹操让官员们想办法称一称大象的质量。这可不是一件容易的事情，毕竟大象是陆地上最大的动物，这可怎么称呢？

要想称大象，那得先造一杆大秤。

时间来不及，而且谁又能提起那么大的秤呢？

还有一个办法，把大象割成一块一块的，然后分开来称。

你这个想法也太"残忍"了，即便称出大象的质量，可大象也再也活不过来了！

这时，曹冲站了出来，说："我有办法！"官员们心想："连我们都想不出办法，你一个五六岁的小孩能有什么办法？"

看大家疑惑不已的样子，曹冲带着众人来到河边，说："把大象牵到船上去。"

大象上了船，船往下沉，等船平稳之后，曹冲说："沿着水面在船舷上画一条线。"之后，曹冲又叫人把大象牵上岸，让众人往空船上装石头。船一点点下沉，等船舷上的线与水面平齐时，曹冲才让大家停下。"现在船上的石头与大象一样沉，只要称出石头的质量，就知道

大象质量是多少啦！"这就是**"等量替换法"**，让大象与石头产生等量的效果，使"大"转化为"小"，自然解决了难题。

和质量关系最密切的运动

举重是一项历史悠久的体育运动，它与质量的关系最为密切，是以举起的杠铃质量为胜负依据的体育运动。

早在原始社会初期，人们为防止猛兽侵犯，获取猎物，不得不搬起或举起质量很大的东西进行自卫。

2500年前，古希腊就有了举重的记载，有一个名叫米隆的大力士，可以举起一头牛，后来有人手举巨大的石块来进行锻炼。

在中国古代，人们首选"鼎"来练习举重。鼎是指三足两耳的青铜器。大力士们聚集在一起，举鼎较量，这种比赛又叫扛鼎。

如今，石块和鼎演化成了杠铃，也就是举重所用的器材。男子举重在第一届现代奥林匹克运动会时便被纳入正式项目。2000 年的悉尼奥运会，女子举重也被列入正式项目。

举重是按照参赛运动员的身体质量不同来分级，比赛中需要完成两个动作：抓举和挺举。

目前最大级别是男子 109 公斤以上级，奥运会纪录是 488 公斤。

超重级动物与超轻级动物

蓝鲸是世界上最大的动物，大概有 3 辆公交车那么长，它的身体质量高达 180 吨。

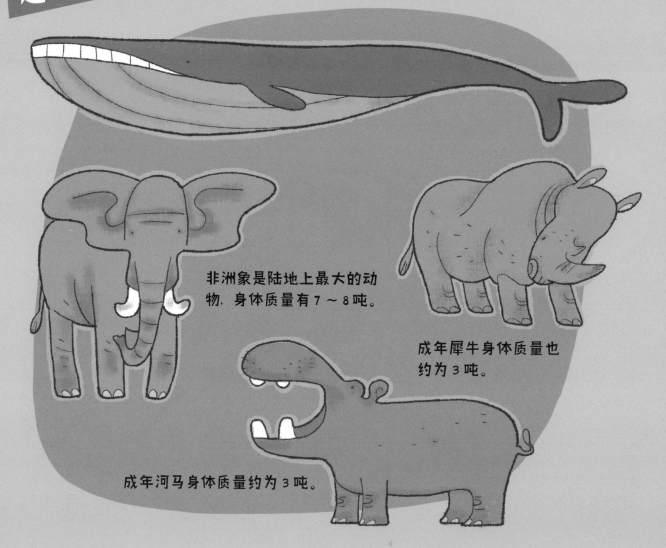

非洲象是陆地上最大的动物，身体质量有 7 ~ 8 吨。

成年犀牛身体质量也约为 3 吨。

成年河马身体质量约为 3 吨。

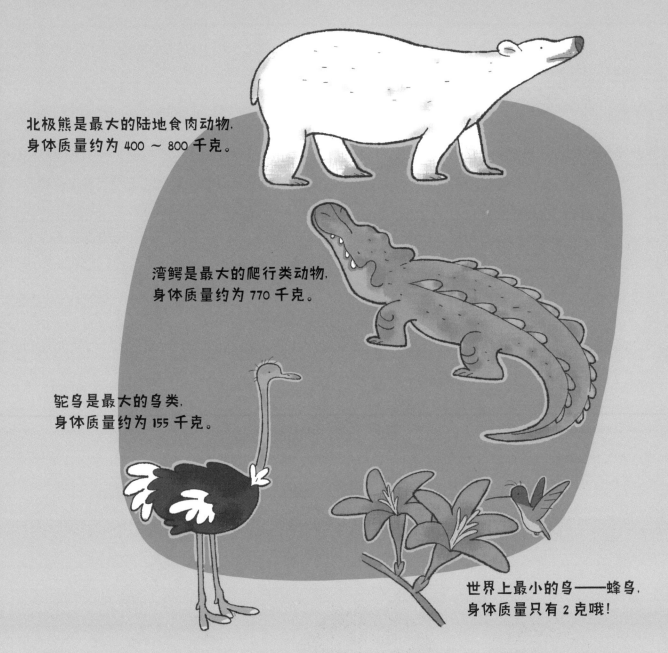

北极熊是最大的陆地食肉动物，
身体质量约为 400 ～ 800 千克。

湾鳄是最大的爬行类动物，
身体质量约为 770 千克。

鸵鸟是最大的鸟类，
身体质量约为 155 千克。

世界上最小的鸟——蜂鸟，
身体质量只有 2 克哦！

平均 1 只蚊子的身体质量是 0.002 克，也就是说 1000 只蚊子的身体质量加在一起才 2 克。

平均 1 只蚂蚁的身体质量是 0.005 克，也就是说 1000 只蚂蚁的身体质量加在一起才 5 克。

磅是多少

磅是英国、美国和加拿大常用的质量单位。

1 磅最初定义为 1 颗麦子的质量的 7000 倍。**1 千克约等于 2.2 磅，1 磅约等于 0.45 千克。**

我们去蛋糕店订生日蛋糕时，常用磅作为蛋糕的质量单位。

1 磅的蛋糕，直径为 17 厘米，相当于 6 寸大小，适合 3 ~ 4 人食用；

2 磅的蛋糕，直径为 23 厘米，相当于 8 寸大小，适合 5 ~ 6 人食用；

3 磅的蛋糕，直径为 27 厘米，相当于 10 寸大小，适合 8 ~ 10 人食用。

英国的货币被称为英镑，在以前，1 磅质量的银子就值 1 英镑。

在美国，称身体质量的秤也是磅。

下面是一家四口的身体质量表，你能把磅换算成千克吗？

家人	身体质量（磅）	身体质量（千克）
爸爸	165 磅	
妈妈	105.6 磅	
哥哥	72.6 磅	
妹妹	59.4 磅	

图书在版编目（CIP）数据

绕不开的计量单位.5, 质量与重量：大象有多重？/ 韩明编著；马占奎绘. —— 北京：电子工业出版社, 2024.1

（超级涨知识）

ISBN 978-7-121-46825-4

Ⅰ.①绕… Ⅱ.①韩…②马… Ⅲ.①计量单位－少儿读物 Ⅳ.①TB91-49

中国国家版本馆CIP数据核字（2023）第251671号

责任编辑：季　萌
印　　刷：当纳利（广东）印务有限公司
装　　订：当纳利（广东）印务有限公司
出版发行：电子工业出版社
　　　　　北京市海淀区万寿路173信箱　邮编：100036
开　　本：889×1194　1/20　印张：12.2　字数：317.2千字
版　　次：2024年1月第1版
印　　次：2024年1月第1次印刷
定　　价：138.00元（全6册）

凡所购买电子工业出版社图书有缺损问题，请向购买书店调换。若书店售缺，请与本社发行部联系，联系及邮购电话：（010）88254888，88258888。

质量投诉请发邮件至zlts@phei.com.cn，盗版侵权举报请发邮件至dbqq@phei.com.cn。

本书咨询联系方式：（010）88254161转1860，jimeng@phei.com.cn。